AF341723

V.

falconet

29288

L'VSAGE
DV QVADRAN,
OV DE L'HORLOGE
PHYSIQVE VNIVERSEL.

Sans l'ayde du Soleil, ny d'autre lumiere:
lequel peut seruir pour trouuer & marquer les longitudes, tant sur la Terre,
que sur la Mer: & pour establir les principes des autres Sciences.

D'où les Philosophes, les Medecins, les
Mathematiciens, & toutes sortes
d'Artisans pourront tirer plu-
sieurs vtilitez.

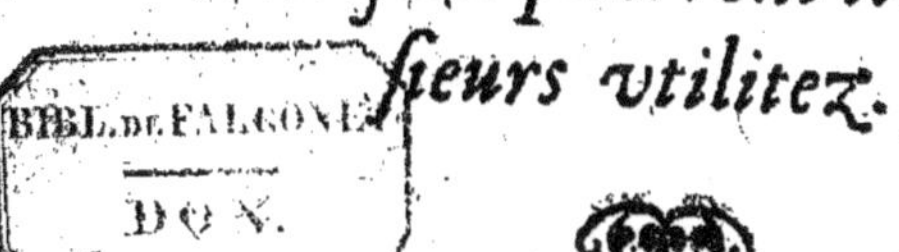

A PARIS,

Chez Pierre Rocolet, Imp. & Lib.
ordinaire du Roy, au Palais, en la gal-
lerie des Prisonniers, aux Armes
du Roy & de la Ville.

M. DC. XXXIX.

Auec Priuilege du Roy.

LE LIBRAIRE
AV LECTEVR.

E n'euſſe pas creu les grandes vtilitez qui ſe peuuent
tirer de ce liure, ſi ie n'euſſe
moy-meſme experimenté qu'en ſui-
uant l'vne de ſes maximes i'ay trouué
la maniere de connoiſtre la hauteur de
toutes les voûtes des Egliſes ſans les
meſurer autremēt que par le ſeul mouuement des lampes penduës auſdites
voutes, car ayant eutre les mains vne
corde d'vn pied de long, i'ay remarqué
qu'ayant veu vne lampe dont vn mouuement de droit à gauche, ou de gauche
à droit, c'eſt à dire vn tour, ou vn re-

ã

tour duroit autant que 5. mouuemens
de ma corde d'vn pied, la voûte estoit
haute de 25. pieds, sans y aioûter la
hauteur de ladite lampe : et ayant
remarqué vne autre lampe dans vne
autre Eglise, dont vn tour duroit autant que 12. tours de ma corde d'vn
pied, i'ay trouué que la voûte auoit
144 pieds de hauteur: de sorte que
i'ay formé vne regle generale , pour
trouuer toutes sortes de hauteurs, qui
consiste seulemēt à multiplier les tours
que fait ma corde d'vn pied durant vn
tour de lampe , par eux mesmes, c'est
à dire qu'il faut quarrer le nombre
des tours de la petite corde pour auoir
la hauteur requise en pieds de Roy.

D'où ie conclus que si i'estois au fond
d'vn puits, ou d'vne cauerne , dont ie
ne sceusse point la profondeur, voyant
vn seul branle ou mouuement d'vne
corde attachée au haut , ie sçauray

auſſi-toſt ſa profondeur, ou hauteur,
car ſi l'vn de ſes tours dure 30. tours de
ma petite corde, la profõdeur du puits
ſera de 900. pieds, parce que 30. multiplié par ſoy-meſme fait 900: Et parce
que la lieuë Françoiſe a prés de quinze
mille cent vingt & neuf pieds, ſi vn
mouuement, ou tour de la corde duroit
123 fois autant que celuy de la mienne
d'vn pied, ie ſçaurois que la profondeur ſeroit d'vne lieuë, puiſque 123
multiplié par ſoy-meſme donne 15129.

Ie laiſſe aux plus ſubtils que moy à
dire combien le tour de la corde atachée
à la ſurface de la terre dureroit de
tours de la mienne, proche du centre de
ladite terre. Ie diray ſeulement que ſi
ce tour duroit mille tours de la miẽne,
il y auroit vn milion de pieds de Roy
d'icy au centre de la terre: & que ſi ie
voyois qu'vne corde penduë au haut
d'vne tour, d'vn rocher eſcarpé, d'vn

clocher, ou de quelqu'autre hauteur, feïſt l'vn de ſes tours durant 25. tours de la mienne, cette hauteur ſeroit de 625 pieds de Roy, puiſque 625 eſt le quarré de 25. D'où tu peux conclure, mon cher Lecteur, combien tu tireras d'vtilité & de plaiſir de ce Traité, puiſque tu vois que ie m'en ſuis ſerui ſi auantageuſement. I'aioûte ſeulement que ſi tu n'as point de chorde, tu peux vne fois pour toutes voir de quelle longueur doit eſtre la corde pour faire chacun de ſes tours en meſme temps que ton poulx, ou ton artere bat vne fois, car le batement de ton cœur, ou celuy de ton poignet te ſeruira d'Horloge, de filet, ou de corde pour meſurer toutes les hauteurs, ou profondeurs imaginables.

Or i'auouë franchement que i'ay eſté trompé en ce que ie m'imaginois qu'vne corde, à laquelle on attache

vne bale de plomb, ou tel autre corps
pesant qu'on veut, estoit 2,3,ou 4.fois,
&c. plus lõg tẽps à faire chacune de ses
allées, ou venuës, ou chacun de ses tours
& retours, lors qu'elle estoit 2, 3 ou 4
fois, &c. plus longue, au lieu qu'elle
doit estre plus longue 4,9, ou 16 fois,
&c. dont ie ne sçay point la raison, ce
qui me fait resoudre de prier l'Au-
theur de ce traité de me la donner pour
t'en faire part dans vne autre Edi-
tion, dans laquelle on trouuera plusieurs autres vsages de cet Horloge;
par exemple que tout ce qu'on iette en
haut est aussi long temps à descendre
par le mouuement naturel, comme il a
esté à monter par le mouuement vio-
lent.

Fautes corrigées.

PAge 4. ligne 4. lisez *sous* pour *sur*. p. 8. l. 10.
BD pour R. p. 28 l. 19 apres *&*, lisez K. l.
20. donneront. P. 29 l. 7. apres *font*, adioustez
4. *fois*: l. 12. V pour Y. l. 14. *puis que* pour, *& que*
P. 31. l. 19. apres 4. adioustez &. P. 37. l. 7. & 8. ef-
facez, commançant à descendre du point F.
P. 39. l. 12. N pour M. l. 15. & 19. N pour I. P. 40.
l. 8. E pour F. P. 42. l. 14. Z pour D. P. 43. l. 9.
Z pour R. l penult. apres *plan*, aioutez *le plus*.
P. 44. l. 20. apres *temps*, aioutez A M au quarré
du temps. P. 45. l. 4. B pour N. P. 47. l. 1. mon-
trerons. P. 58. l. 5. *n'empesche*. P. 61. l. 2. C pour L.

L'VSAGE
DV QVADRAN,
OV DE L'ORLOGE
PHYSIQVE VNIVERSEL

Sans l'ayde du Soleil, ny d'autre lumiere: lequel peut seruir pour trouuer & marquer les longitudes, tant sur la Terre, que sur la Mer, & pour establir les principes des autres Sciences.

D'où les Philosophes, les Medecins, les Mathematiciens, & toutes sortes d'Artisans pourront tirer plusieurs vtilitez.

CHAPITRE PREMIER.

Dans lequel la figure necessaire pour entendre l'vsage de l'Horloge, est expliquée.

I L y a 4. parties, ou quatre quarts differens dans ce cercle ABDC, lequel monstrera si clairement l'expli-

A

cation de tout ce qui concerne le
titre de ce Liure, qu'il n'y a per-
sonne qui ne soit capable de le
comprendre. Les deux quarts in-
férieurs, à sçauoir BD & DC seruent pour la figure de l'Horloge,
qui consiste dans vn filet de soye,
ou de chanure, ou de telle autre
matiere qu'on voudra, lequel ie
suppose estre attaché au point E,
ou tenu du doigt au mesme point
E, que l'on peut s'imaginer trans-
porté en tel lieu qu'on voudra. Or
ce filet descend en V, X, Y & D, &
est de telle longueur qu'on veut;
& a vne bale de plomb, ou quelqu'autre poids attaché au bout
d'en bas, comme au point D, de
telle sorte que ce poids & ce filet
est mobile, & peut estre haussé de
D en L, en K, en I ou en B, ou de D
en Q & en C. Comme le filet EV,

qui eſt quatre fois plus court
qu'ED, peut eſtre eſleué d'V en T,
& d'V en P, O, S & R : & ſi l'on
pend le filet en A, pour deſcendre
iuſques en D, il ſera 8 fois plus
long que le filet EV.

Oûtre ces filets marquez dans
le quart de cercle BD, il y a d'autres lignes deſcrites dans l'autre
quart DC, à ſçauoir CD, CQ, &
QD, qui ſignifient autât de plans
differens inclinez ſous l'horizon
EC, comme les autres lignes des
2 quarts ſuperieurs du cercle con-
tiennent les lignes AC, CF, AB,
AN, & FH, qui ſignifient autant
de plans inclinez ſur l'horizon
BEC. & finalement, la ligne G D
tirée perpendiculairement ſur le
plan FC a ſes vſages, comme nous
monſtrerons dans les Chapitres
ſuiuans ; ioint que ce n'eſt pas

sans suiet que la ligne A N est
prolongée par points iusques en
M, pour faire voir le plan AN, qui
descend sur l'horizon BE.

CHAPITRE II.

De la maniere dont le filet ED, ou EV se meuuent.

LE filet, ou la corde ED estant
esleuée iusques en B par le
quart de cercle DB, & son poids
B estant laissé en sa liberté sans
aucun soustien, reuient de B en D,
qui est comme son centre, ou sa
ligne de direction, suiuant laquelle il descendroit vers le centre de la terre s'il quittoit la corde
au point D, & qu'il perdist en vn
moment toute l'impetuosité qu'il
a acquise depuis B iusques à D.

Mais parce qu'il la retient, & que
la corde le contraint, il paſſe outre & remonte de D vers C par Q,
& par les autres points du quart
de cercle DQC. Or il faut penſer
que ce poids deſcendant de B en
D remonteroit iuſques au point
C, s'il n'y auoit nul empeſchement qui luy diminuaſt ſon im-
petuoſité, de ſorte qu'il demeure-
roit dans vn perpetuel mouuement, car la force qu'il acquere-
roit en deſcendant de C en D, ſeroit égale à celle qu'il auoit ac-
quiſe de B en D ; mais parce que
l'air luy rompt & luy diminuë ſa
force, le poids deſcendant de C
en D ne remonte pas plus haut
qu'en I par exemple, & va touſiours en diminuant la longueur
de ſes allées & venuës, leſquelles
nous appellerós deſormais *Tours,*

& Retours, de sorte que si le poids descend premierement de B, son chemin BDQ &c. sera son Tour, & le chemin qu'il fera en reuenât de Q en D & en L, &c. sera son Retour, ce qu'il faut aussi entendre du filet EV, & de tous les autres.

Mais il faut premierement remarquer que ce poids descend de B en D, parce qu'il ne peut descendre par vne ligne parallele à ED, & qu'il va d'autant plus viste qu'il approche dauâtage du point D, au delà duquel il diminuë tousiours sa vitesse en montant de D en C, de sorte qu'il perd toute son impetuosité par des degrez de diminution, égaux à ceux par lesquels il auoit augmenté sa vitesse depuis B iusques à D.

En second lieu, que le tour qui

se fait depuis B iusques à DQ, &c.
se fait quasi dans vn temps egal à
celuy auquel il se fait lors que le
poids n'est tiré que iusques à K ou
L, & que la durée de chaque tour
& retour peut estre dite egale en
la pratique, soit que le poids se
tire & s'éleue iusques à B, ou seulement iusques à L, ou qu'il soit
seulement tant soit peu separé, &
esloigné du point D: & que si ces
retours se faisoient dans vn milieu
qui n'aportast nul empeschement
à la corde, & au poids, tous les
tours & retours pour petits ou
grands qu'ils fussent, se feroient
tousiours en des temps égaux, parce que leur mouuement est dautant plus lent, que l'on esloigne
moins le poids du point D: par
exéple, s'il en est moins esloigné
d'vne milliesme partie, il sera mil-

le fois plus tardif, parce qu'il def-
cend fort peu: par exemple, lors
que le poids D eſt tiré iuſques à L,
il ne deſcend que la ligne Y D: au
lieu que lors qu'il eſt eſleué iuſques à B, il deſcend d'E en D: & il
n'y a nul point dans le plan perpendiculaire ED, qui ne reſponde
à vn autre point du quart de cercle R: & l'ō trouue tous ces points
en tirant des lignes paralleles à
BE, comme eſt la ligne L Y, que
l'on peut appeller ordonnée, puis
qu'elle eſt perpendiculaire à l'axe
ED.

Troiſieſmement, ſi l'on veut ap-
perceuoir de combien la durée du
retour de la corde depuis B iuſques à D eſt plus longue, que la
durée du retour depuis L iuſques
à D, il faut mettre vn morceau de
bois, ou quelqu'autre corps au

point

point D, lequel arreste les poids B
& L, & leur face faire du bruit, car
le poids L frapera D assez sensiblement auant le poids B. Mais ce de-
faut n'empesche pas que lors qu'on
laisse tomber en mesme temps les
deux poids B & L, leurs tours & retours ne soient si égaux, qu'à peine
L gaigne vn tour sur 35 tours de B:
de sorte que si la corde à trois pieds
& demi de long, ses 30. tours, & ses
30. retours, qui durent vne minute
d'heure, ne different pas de deux secondes minutes, soit qu'on esleue
son poids en B, ou en L, ou en tel
autre lieu qu'on veut. Cecy posé,
voyons les vsages de ces tours & retours.

CHAPITRE III.

De la construction de l'Horloge Phy-
sique, & du moyen de le faire
aller plus ou moins vuiste
en raison donnée.

L A Construction de cet Horloge consiste seulement à donner
la longueur necessaire à la corde, ou
au filet, pour faire durer chacun de
ses tours tel espace de temps que l'on
desire: par exemple, si l'on veut que
l'Horloge marque les minutes, pre-
mieres, ou secondes de l'heure, en
telle maniere que chaque tour dure
vne minute , si tost que l'on aura
ataché vne boule de plomb à l'vn
des bouts de la corde, & que de l'autre bout on l'aura atachée à vn clou,
par exemple au point E. ou qu'on

la tiendra auec le doigt, ou en telle
autre sorte que l'on voudra, si on
esleue tant soit peu le poids depuis
D vers B, ou vers C, & qu'on le laisse
aller librement, ou mesme qu'on le
pousse de telle violence qu'on voudra, pourueu qu'elle ne soit pas si
grande qu'il monte plus haut que le
haut du quart de cercle, qui est B, ou
C, il est certain que chacun de ses
tours, ou de ses retours marquera
tousiours des temps assez égaux, &
nommément si on esleue, ou si l'on
pousse le poids D seulement iusques
à L ou Q.

Mais auant que d'expliquer la
proportion que doiuent auoir les
longueurs des filets pour faire leurs
retours qui durent plus ou moins en
raison donnée, ie supose icy ce que
l'experience perpetuelle enseigne, à
sçauoir que chaque tour, ou retour

d'vn filet long de trois pieds & demy, tel qu'on se peut imaginer ED,
dure iustement vne seconde minute
d'heure, & partant qu'il faut 60.
tours, ou bien 30. tours & 30. retours pour faire vne minutte premiere d'heure, telle que l'heure en
contient 60: de maniere que ce filet
fait 1800. tours, & autant de retours
dans vne heure.

Cecy posé, ie dis que chaque tour
du filet durera deux fois autant que
chacun du precedent, s'il est quatre
fois plus long; & generalement
parlant, le filet fera chacun de ses
tours en tel temps que l'on voudra
plus ou moins court, qu'vne seconde minute, si on le fait de telle longueur, qu'il soit en raison sous doublée, ou doublée de la raison des
deux temps proposez, à sçauoir du
temps de la seconde minute, & de
l'autre temps que l'on desire, c'est à

dire que les 2. temps seront comme
les deux costez de deux quarez , &
les deux filets, comme les 2. quarrez
desdits costez.

Vn où deux exemples feront comprendre cecy tres-clairement ; mais
il sera bon de nommer vne seconde
minute, *moment*, afin que la chose
soit plus aysée, & semblablement de
prendre les 3. pieds & demy , qui
font la longueur du filet, pour vne
seule mesure, afin qu'elle serue de
pied à toutes les autres. Soit donc le
premier exemple d'vn filet , dont
chaque tour doiue durer 10. momens, il faut d'oubler la raison d'vn
à 10. c'est à dire qu'il faut multiplier
l'vn & l'autre nombre par soy-mes-
me, pour auoir 1. & 100 , qui mon-
strent que le filet dont chaque tour
durera 10. momens, qui font la sixiesme partie d'vne minutte d'heu-

roy, doit eſtre long de cent meſures:
& parce que la meſure eſt de trois
pieds & demy, ce filet aura 350.
pieds de long.

Mais parce que ce filet eſt trop
long pour s'en ſeruir dans la pratique, attendu que l'on n'a point de
ſi grandes hauteurs, où l'on puiſſe
l'atacher, ie donne vn exemple plus
ayſé, & plus commode pour la pratique : ſi l'on veut que chaque tour
dure 2 momens, il faut doubler la
raiſon d'vn à 2, qui donnera vn &
4, partant le filet de 4 meſures, ou
14. pieds de long fera chacun de
ces tours en deux momens.

Et ſi l'on veut que chaque tour
du filet ne dure que la moitié d'vn
moment, il faut ſouz-doubler la raiſon de 2 à 1, qui donnera $1\frac{1}{4}$, &
monſtrera que le filet ne doit auoir
que le quart d'vne meſure. Ie mets

encore l'exemple qui suit pour trouuer vn filet dont chaque tour soit
sesquialteré d'vn moment, & pour
lors il faut mettre 2 pour le momét,
& 3 pour la durée sesquialtere, car
cette raison doublée, est de 9. à 4, &
monstre que le filet sera en longueur à celuy que nous faisons seruir de mesure, comme 9. à 4. c'est à
dire que le filet aura vne mesure &
demie, ou quatre pieds & ⅓. Chacun
peut expliquer plusieurs autres exéples par la duplication, ou la sous-
duplication des raisons, suiuant qu'il
sera necessaire dans la pratique.

CHAPITRE IV.

*Du premier vsage de l'Horloge pre-
cedent pour les longitudes & les
obseruations des Eclipses.*

PLusieurs ont des Montres, qui marquent les minutes & les secondes par le moyen d'vne rouë, dont le tour, ou la circonference à 60. dents, pour diuiser les minutes en 60. parties esgales, mais outre qu'elles couſtent bien cher, & qu'ils les faut souuent raccommoder, il est assez difficile de les rendre aussi iuſtes comme les tours des cordes, ou des filets precedens, dont il est beaucoup plus aysé de se seruir. Or tous font d'accord que les longitudes tant maritimes que terreſtres pourroient eſtre marquées, si l'on

auoit

auoit vne Horloge qui marquaſt le
temps aſſez exactement, de ſorte
que ſi l'on peut vſer de filets, ou de
cordes dans les nauires pour les faire
ſeruir d'Horloges, l'on pourra ſçauoir la lōgitude de chaque lieu qu'ō
voudra remarquer. Mais auant que
d'en expliquer la maniere, il faut remarquer que le filet E D, ou tel
autre qu'on voudra, allant par le
demy cercle B D C ne pareſtra pas
faire ce mouuement circulaire à
ceux qui eſtant hors du nauire feront le chemin CEB auſſi viſte & en
meſme temps que le poids du filet
D fera la demie circonferēce CDB,
mais le poids D ne leur ſemblera
point auoir d'autre mouuement
que le droit de D en E, lors qu'il
montera par DLB, & VE en D,
lors qu'il deſcendra de B en D, comme il arriueroit qu'vn lieu aſſigné

C

dans le mesme nauire, qui traceroit
son chemin parallele à l'orizon, par
exemple le point E courant par le
plan horizontal E B paroistra im-
mobile à celuy qui ira aussi viste que
le Nauire.

Cecy posé, ie dis que si quelqu'vn
obserue le nombre des mouuemens
de la corde ED, depuis le moment
qu'vn nauire part de quelque en-
droit, c'est à dire le nombre des secondes minutes, dont 60. font vne
minute d'heure, lors que la corde
DE est de trois pieds & demi, &
que l'on ait vn Horloge au Soleil,
soit vn Quadran ordinaire, soit vn
astrolabe, ou tel autre instrument
que l'on voudra, par le moyen duquel on treuue l'heure qu'il est au
lieu d'où l'on part, & puis es autres
lieux, où le Nauire se rencontre-
ra, l'on connoistra les longitudes

de tous ces lieux, & que si l'on
establit le premier degré de longitude au lieu où l'on s'embar-
que, l'on peut marquer les autres longitudes au tour de toute la terre , ce que i'explique
icy par vn exemple. Soit le premier degré de longitude posé
au Havre de grace, & que le Nauire parte à midy precisément,
marqué par vn horloge vsuel,
& qu'apres auoir vogué 24. heures
en pleine Mer, le mesme Horloge,
par exemple l'astrolabe, marque vn
tiers d'heure, c'est à dire 20. minut-
tes apres Midy , il est certain que le
lieu de cette derniere obseruation
monstrera que l'on a auancé de 5.
degrez vers le Leuant, & partant
que l'on est au 5. degré de longitude: & si 24. heures apres, l'on trouue qu'il est vne heure apres midy,

ce lieu sera au 15. degré de longitude, parce que le Soleil fait 15. degrez dans vne heure, ce qui se doit
entendre lors qu'il se trouue dans
l'equinoxe, c'est à dire dans l'equa-
teur, & supposé que l'on diminuë le
temps qu'il a cependant employé à
faire le chemin de son propre mouuement, qui monte à prez de 4. minutes en chaque iour.

Or l'on aura ces 24. heures assez
precises, & autant que l'on peut les
obseruer, lors que l'on aura conté
76400. tours de la corde, ou du filet ED, c'est à dire que si on leue
ED au point Q, il ira 38200. fois de
Q vers K, que l'on peut appeller ses
tours, & reuiendra de K vers Q
38200. fois dans le temps de 24.
heures, ce que l'on peut appeller ses
retours.

Mais affin que celuy qui conte ne

se brouille, ou ne s'ennüie pas, il
pourra marquer sur vn papier chaque minute d'heure, autant de fois
qu'il aura conté 60. mouuemens de
la corde, ou bien il pourra conter
de suite 3600. mouuemés pour chaque heure, & mesme l'on peut se
mettre deux ou trois ensemble, afin
que chacun conte l'vn apres l'autre
les tours & retours que fait la corde
dans vne heure , & que la mutüelle
assistance oste l'ennuy du denom-
brement : & parce que dans vne
heure la corde tirée iusques en C, ou
en B, perd quelque chose par les di-
minutions de ses tours & retours, il
suffit d'adiouster vne minute d'heure, aux 3600. mouuemens de son
heure, car bien qu'estant seulement
tirée au point Q, elle gagne pres de
2. mouuemens dans l'espace d'vne
minute sur ses mouuemens qui se

font depuis C, neanmoins estant
tirée en Q, elle ne gagne pas vn
mouuement entier sur celle qui
n'est tirée qu'en E; & si l'on prend
vn point entre E & D, ces deux tra-
ctions de la corde feront encore
moins de difference : de sorte qu'il
suffit l'vn portant l'autre d'aiouster
vne seconde minute à chaque 360
secondes minutes, c'est à dire, vn
mouuement de corde à chaque 360
mouuemens, & par consequent il
suffit de conter 361. mouuemens
pour chaque minute,lors qu'on tire
la corde iusques en C, ou en B:

Ceux qui voudront vser d'vne
corde plus longue, n'auront pas vn
si grand nombre de mouuemens à
conter, car ses 30. mouuemens feront vne minute d'heure, lors qu'elle sera longue de 14. pieds de Roy:&
chacun la pourra faire de telle gran-

deur qu'il voudra, fuiuant la com-
modité qui fe prefentera.

COROLLAIRE.

L'on pourra ioindre des Horloges de fable, & d'eau, & des montres à reffort, & à roües, & tels autres que l'on voudra auec les mouuemens de cette corde, affin de faire
plufieurs obferuations qui pourront
faire inuenter de nouueaux moyens
mechaniques pour les longitudes, fi
l'on n'ayme mieux vfer de la fcience
des longitudes que Monfieur Mo-
rin Profeffeur Royal des Mathema-
tiques a donnée, pour dreffer des
tables Aftronomiques en la plus
grande perfection dont l'homme
eft capable, en obferuant exactement ce qu'il enfeigne dans les quatre dernieres parties de fon liure,

tant pour la theorie des planettes &
des estoiles fixes, que de l'equation
du temps, des parallaxes & des refra-
ctions.

Si l'on veut sçauoir ce que peuuent seruir les compagnes ou sa-
tellites de Iupiter pour les longitudes, il faut lire la preface de sa sep-
tiesme partie : Et si l'on desire vne
Astrologie beaucoup plus parfaite
que toutes celles qui nous ont paru
iusques à present , il faut le prier
d'accomplir le chef-d'œuure qu'il a
auancé sur cette matiere.

CHAP. V.

CHAPITRE V.

Du second vſage de l'Horloge, pour ce qui concerne les mouuemẽs naturels tant ſur les plans perpendiculaires, que ſur les inclinez ſur l'Orizon.

IL faut premierement ſupoſer les apparences, ou experiences que l'on obſerue perpetuellemẽt aux poids attachez auſdits filets, & aux mouuements qu'ils ont par le quart de cercle.

La premiere eſt, que chaque tour eſt egal à chaque retour; c'eſt à dire, que lors qu'on leue le poids D au point L, & qu'il va iuſques au point Q, il reuient de Q à L dans vn temps egal à celuy qu'il auoit employé à venir de L à Q: & ainſi de chaque autre tour cõmparé à son retour. Ce que l'on peut aussi estendre à chaque tour, par exemple à celuy qui se fait de B en C, comparé au retour qui se fait de Q en D, &c. si l'on ne conte point l'empeschement de l'air.

La seconde, qu'il y a mesme proportion du mouuement qui se fait dans deux parties semblables des deux quarts de cercle par où passent deux filets de diuerses lōgueurs, & du mouuement total qui se fait des 2. mesmes filets par le quart entier du cercle ; par exéple, que le mouuement fait par BI, est en mesme proportion auee celuy qui se fait par R S, & qu'il y a mesme raison des deux qui se font par KL, & par OP, qu'il y a de ceux qui se font par BD & par RV, ou par BDC, & par RVT.

La troisiesme est, que l'on peut

prendre vne si petite ligne courbe au commencement, ou en telle autre partie du quart de cercle
qu'on voudra, par exemple de B à
I, ou de K à L, qu'elle ne differera
point sensiblement d'vne ligne
droite, comme en effet si l'on ap-
plique vne regle droite sur la ligne BI, elle conuiendra de mesme
auec la regle, comme vne ligne
droite; & bien qu'elle tint encore
trop de la courbe, il suffit que sa
cent ou milliesme partie, soit telle que nous auons dit. Ce qui arriue aussi à la ligne K L, ou à sa
milliesme partie, &c. Par consequent nous pouuons prendre B I
pour vn plan droit perpendiculaire, & K L pour vn plan droit incliné sur l'Orizon.

Cela posé, ie dis que les corps
pesans qui descendent en ligne

droite, ou à plomb vers le centre
de la terre, cóme lors que le poids
E deſcend en D par V X Y, deſcen-
dent en meſme façon, & en meſme proportion que de B en I, &
de R en S, puiſque BI & RS ſont
priſes pour des lignes droites auec
autant de raiſon, comme Archi-
mede a pris les pendans de la ba-
lance pour des lignes paralleles:
car ne l'vn ne l'autre n'empeſche
point, ny ne diminuë rien de tout
ce qui tombe ſous l'experience,&
partant comme le Diapaſon har-
monique ne ſemble pas moins
bon & parfait, encore qu'il ſoit
moindre ou plus grand qu'il ne
faut, d'vne milhieſme partie, les lignes courbes BI, R S, & L, nous
donnerons les meſmes aparences
qu'elles feroient ſi elles eſtoient
parfaitement droites.

Or la partie BI du quart de cercle BD eſt quadruple de la partie
RS du quart de cercle RT, & le
mouuement qui ſe fait de B en I
dure deux fois autant que celuy
qui ſe fait de R en S, donc le poids
B fait autant de chemin que le
poids R, en deux fois autant de
temps: donc le poids deſcendant
d'E ne ſera que deux fois autant
de temps à deſcendre en D, comme il eſt à deſcendre d'E en Y,
en meſme proportió que s'il deſ-
cendoit par BI, & par R S, & que
le mouuement par BI eſt en meſme proportion au mouuement
par RS, comme eſt le mouuemét
par BD au mouuement par RV.

CHAPITRE VI.

La maniere de comparer les cheutes
perpendiculaires auec les obliques.

PVisque les poids qui descendent par les quarts de cercles
gardent la mesme proportion
dans leur vitesses que ceux qui
descendent droit, ou oblique-
mēt vers le centre de la terre, cō-
me nous auons dit, il est certain
que le temps de la cheute estant
donné, l'on sçaura la hauteur dont
elle se fait : & que la hauteur d'où
elle se fait, estant donnée, l'on
sçaura le temps de la cheute, &
par consequent que l'on aura la
vitesse de la cheute. Ce que i'explique par exéples. Soit le temps
de la cheute de 2 momens de

temps, il eſt certain qu'il ſera tombé
de 4. meſures, parce qu'il tombe
d'vne meſure dans le premier moment, puiſque les eſpaces des cheutes ſont en raiſon doublée des téps
auſquels ſe font leſdites cheutes,
conime les longueurs des filets ſont
en raiſon doublée des temps auſquels ſe font leurs tours, & mouuemens: ce qui ſe voit dans les cheutes
du point E en D & en V, car le poids
qui tombe dans vn moment iuſques en V, tombe iuſques en D en
deux momens: c'eſt à dire qu'il fait
les 3. meſures VX, XY, & YD dãs le
ſecond moment. Et que s'il conti-
nuoit à deſcendre vers le centre de la
terre il feroit 5. meſures dans le 3.
moment, 7. dans le 4. ainſi des autres, ſelon les nombres impairs, qui
ſe ſuiuent immediatement : d'où il
s'enſuit que ces nombres impairs

eftant aioûtez enfemble font tous
les quarrez, car les deux premiers 1.
& 3 font le premier quarré 4, côme
les trois premiers 1, 3, & 5 font 9.
pour le fecond quarré, & les 4. premiers 1, 3, 5, & 7 font le quatriefme
quarré, à fçauoir 16, & ainfi des autres iufques à l'infini.

Il faut faire la mefme chofe des
plans inclinez à l'Orizon, que des
perpendiculaires, car fi l'on diuife vn
plan incliné de telle façon que l'on
voudra, en neuf parties égales, par
exemple, le plan FH, le poids def-
cendant dans le premier moment
vne mefure depuis F iufques à I, def-
cendra au fecond moment de 1. en
2, & au 3. de 2 iufques au point H, &
partant la viteffe des poids qui def-
cendent fur les plans inclinez, font
auffi bien en raifon doublée des
temps, & fuiuent auffi bien les nombres

bres impairs de moment en moment, comme font ceux qui defcen-
dent perpendiculairement.

Mais parce que les poids ne peuuent autant s'approcher du centre
aufli vifte en mefme temps par les
plans inclinez, que par le perpendiculaire, l'on trouue de combien
moins vifte ils s'en approchent ega-
lement, en trouuant de combien le
plan oblique eft plus long que le
droit; car cette tardiueté eft en mefme raifon que la longueur du plan:
c'eft à dire, que dautant que le plan
oblique eft plus long que le droit,
dautant le temps de la cheute fur le
droit eft plus court, & par confe-
quent la viteffe de la cheute qui fe
fait deffus, eft plus grande. Ce que
l'on comprendra par vn ou deux
exemples. Soit le plan oblique FH
double en longueur du plan perpen-

diculaire FE, le poids emploira 2.
fois autant de temps à tomber de F
en H, comme de F en E, parce que la
vitesse sur FH est à la vitesse par FE
en raison reciproque de F H à FE,
c'est à dire comme EF à FH.

Où il faut remarquer que cecy
s'entend seulement des plans inclinez & obliques, qui commencent
leur hauteur au mesme point,
& qui se terminent sur le mesme
Orizon, comme sont ceux dont
nous auons parlé. Car ces plans ont
vne mesme hauteur, laquelle est me-
surée par la ligne perpendiculaire,
qui monstre que le poids s'approche également du centre sur ces
deux sortes de plans.

CHAPITRE VII.

*Du moyen de trouuer combien le poids
seroit descendu par vne ligne droite
vers le centre, tandis qu'il descend
par vn plan oblique donné.*

SOit, par exemple, le plan oblique
FC, sur lequel le poids soit descendu iusques au point G, & que
l'on vueille sçauoir iusques à quel
point de la perpendiculaire FD le
poids tombe en mesme temps, la ligne droite qui coupera le plan FC
perpendiculairement au point G, &
qui sera prolongée en bas iusques à
ce qu'elle coupe le plan perpendiculaire FD, montrera le point dudit
plan, auquel le poids arriuera en
mesme temps qu'il arriue au point
G du plan FC. De mesme, la ligne

DC tirée perpendiculairement sur le plan AC, montre que le poids tombe d'A en D tout au long du diametre, tandis qu'il tombe d'A en C, & ainsi des autres. Et si l'on a de la peine à trouuer cette ligne perpendiculaire, l'on peut vser de la table des sinus, car ayant le plan oblique pour l'vn des costez du triangle, & les 3 angles connus, à sçauoir l'angle G FE, du plan FG, & l'angle droit FGD, & par consequent le 3 angle GDF, puis qu'il est le complement des deux angles droits, l'on trouuera aysément la longueur de la perpendiculaire, ou le costé G D du triangle FGD, & par consequent le point D où elle coupera le costé FD.

La proposition conuerse n'est pas moins aysée, qui consiste à trouuer le chemin que feroit le poids sur vn plan incliné donné, tandis qu'il fait vn espace donné dans le plan perpandiculaire, puisque la ligne tirée du point D pris dans le plan perpendiculaire FD, en telle sorte qu'elle coupe le plan F C, ou tel autre qu'on voudra, commençant à descendre du point F, donnera le point du plan oblique, auquel le poids doit arriuer, comme est icy G.

Or il faut remarquer que le temps auquel la cheute se fait par le plan perpendiculaire, est au temps de la cheute qui se fait sur le plan oblique, finissant sur le mesme Orizon, & dont la hauteur est egale à celle du perpendiculaire, comme la longueur du perpendiculaire est à la longueur de l'oblique : par exemple, le poids employe deux momens à tomber de F en H sur le plan incliné FH, & n'en employe qu'vn à

tomber de F en E, qui eſt ſouz-dou-
ble de FH. De ſorte que les forces
des mechaniques conuiennent parfaitement auec la viteſſe des cheutes, car comme FH demande deux
momens pour ſa deſcente, il arriue
auſſi que le poids peſe deux fois
moins ſur FH, que dans le perpendiculaire FE, & partant que le poids
qui eſt ſouſtenu par vne force ſur
FH, ne peut eſtre ſouſtenu que par
2. forces dans la ligne FE, & ainſi
des autres.

CHAPITRE VIII.

De la comparaiſon des viteſſes ſur les
plans differemment inclinez.

LEs viteſſes des corps qui tom-
bent ſur les plans de differentes
inclinations, qui ſont de meſme

hauteur sur l'Orizon, sont entr'elles
en raison reciproque desdits plans:
par exemple, la vitesse sur AN est
dautant plus grande que la vitesse
sur AB, qu'AB est plus long qu'AN,
& partant le temps auquel la descente se fait par AN, est au temps,
durant lequel se fait la descente par
AB, comme AN est à BA, c'est à dire
que comme AN est plus courte d'v-
ne quatriesme partie qu'AB, le téps
d'AM est aussi plus court d'vne quatriesme partie que le temps d'AB,
comme la force qui peut souftenir
ou tirer vn poids sur AI, doit estre
plus grande d'vne quatriesme partie, que la force qui le souftient, ou
le tire sur AB : & que la vitesse sur
AI est aussi sesquiquiquarte de la
vitesse sur AB.

D'où il est aysé de determiner
combien vne boule doit roûler plus

ou moins viſte dans toutes ſortes de
pantes & de valées de meſme hauteur , pourueu que l'on ſçache la
difference de leurs pantes, laquelle
on ſçaura par la diference de leurs
longueurs, finiſſant au meſme horizon. Or l'on doit dire la meſme cho-
ſe des plans EI, FK, & EL, &c. inclinez ſous l'orizon BE, que de ceux
qui ſont inclinez deſſus, car ils ſuiuent les meſmes loix.

Où il faut remarquer que toutes
& quantesfois qu'vne boule deſcend de meſme hauteur, ſur quelque
plan que ce ſoit, elle acquiert la force de remonter auſſi haut par tel autre plan qu'on voudra: par exemple,
ſi elle deſcend de C en D, elle peut
remonter de D à E, comme deſcendant d'E à D, elle peut remonter de
D à C, ſi l'air ou le plan n'y aportoit
nul empeſchement.

CHAP. IX.

CHAPITRE IX.

Dans lequel sont contenus deux Problemes concernants la cheute des corps pesans sur toutes sortes de plans.

LEs fondemens precedens seruent de regle pour establir tout ce qui suit, sans qu'il soit besoin de les repeter, c'est pourquoy ie viens aux Problemes qui s'en peuuent deduire.

PREMIER PROBLEME.

Le plan incliné, sur lequel descend le corps pesant (que nous appellerons desormais boule) estant donné, & un autre plan moins incliné estant aussi donné, trouuer le point auquel la bou-

*le sera arriuée sur ce moins incliné, en
mesme temps qu'elle parcourt le plan le
plus incliné.*

Soient lesdits plans inclinez AB,
AN, dont AB soit le moins incliné,
il faut trouuer à quel lieu d'AB ariue
la boule, en mesme temps qu'elle
parcourt le plus incliné AN, pour
descendre iusques à N. Il faut faire
que comme AB est à NA, NA soit à
ZA, & l'on aura Z pour le point defiré, c'est à dire, que ZA est la troisiesme proportion elle à BA, & NA.

Car comme AB est à DA, le quarré d'AB est au quarré NA, & comme
AB est à ZA, ainsi le quarré du téps
AB est au quarré du temps A Z,
donc comme le quarré AB au quarré NA, ainsi le quarré du temps AB
au quarré du temps A Z : partant
AB est à NA, comme le temps AB
au temps AZ : mais comme AB est

à ZA , ainsi le temps AB au temps AN, donc les temps AN & AZ font egaux.

En nombres, parce que le plan AB eſt au plan NA comme 4. à 3, il s'enſuit par la regle de proportion, ou de trois, que ZA eſt de $2\frac{1}{4}$, ou ſans fraction, ſi BA eſt long de 16. pieds, & NA de 12. AR aura 9. pieds de long: par où l'on void qu'on n'a pas beſoin de Geometrie, pour trouuer la troiſiéme ligne proportionelle, lors que la raiſon des deux plans eſt rationelle, ou exprimée par nom- bres.

SECOND PROBLEME.

Deux plans inclinez, qui commen- cent à vn meſme point de hauteur, eſtât donnez, trouuer ſur le plan incliné le lieu auquel la boule arriuera, en meſ-

me temps qu'elle parcourt le moins in-
cliné.

Soit AB le moins incliné, & AN le plus incliné, comme cy-deuant, terminez par le mesme horizon BN. L'on trouuera sur le plan AN prolongé sous l'Orizon, le lieu où le point auquel la boule arriue en mesme temps qu'elle parcourt AB, par le moyen d'vn troisiesme plan proportionel à ces deux plans, en faisant que AM soit à BA, comme NA est à BA; & parce que NA est à BA comme 3. à 4, ou comme 9. à 12, AM sera comme 16. Ce qui se demonstre ainsi.

Comme AM est à NA, ainsi le quarré AB est au quarré NA; mais AM est à NA, comme le quarré du temps AN, donc comme le quarré AB au quarré NA, ainsi le quarré du temps AM est au quarré du temps

AN. Partant AB eſt à NA, comme le
temps AB au temps AN, donc les
temps de la cheute par AM, & par
AN ſont egaux.

CHAPITRE X.

Du troiſieſme vſage de l'Horloge pour les Medecins.

PVisque le filet marque les temps
en telle proportion qu'on veut,
poſons que le filet ED ayant 3. pieds
de long, face tellement ſes tours,
que chaque batement du cœur ou
du pouls du malade dure auiour-
d'huy autant que l'vn des tours ou
retours du plomb D tiré en L, ſi le
lendemain ſon poux va auſſi viſte
que chaque tour du filet racourci
iuſques en V, c'eſt à dire 4 fois plus
court, eleué iuſques en P, il eſt cer-

tain que ledit poux ira deux fois
plus viste, car les vitesses du poux,
font en raison souzdoublée de la
longueur des filets, lesquels estant
comme 4 à 1, les racines de ces deux
nombres, à sçauoir 2 & 1, donnent
la raison, ou la comparaison de la
vitesse des poulx, ou batemens de
l'artere, & ce filet EV aura pour lors
9. pouces de longueur.

Faisons que le Medecin qui a marqué la vitesse du batement auec vn
filet de trois pieds, reuenant ait trouué qu'il le faut marquer auec vn filet
de 2. pieds, ie dis que ces deux batemens seront en mesme raison que
les racines quarrées de 3. & de 2,
ce qu'el on ne peut énoncer exactement par des nombres, soient rom-
pus, ou entiers: mais s'il fait deux
quarrez, dont l'vn contienne trois
pieds, & l'autre 2, les costez de ses

2. quarrez luy montrera la raiſon des viteſſes du poulx de ſon malade: Mais il n'eſt pas neceſſaire de venir à cette irrationalité, ou incommenſurabilité. Il ſuffit de remarquer que les viteſſes des batemens de l'artere ſont toûſiours dautant plus grandes, que le filet qui les marque eſt plus court, & qu'elles ſont dautant moindres que le filet eſt plus long, pourueu que l'on ſçache que c'eſt en raiſon ſouzdoublée deſdits filets, dont les longueurs ſont en raiſon doublée deſdites viteſſes de l'artere.

Cet horloge peut encore ſeruir à beaucoup d'autres choſes, pour marquer le temps qui doit couler entre 2, ou pluſieurs remedes qu'on aplique aux malades, le temps du mouuement des jets d'eau, &c.

CHAPITRE XI.

Du quatriesme vsage de l'Horloge
pour les Astronomes, & les
Astrologues.

Q Vand l'on veut marquer toutes les particularitez d'vne E-
clipse de Lune, ou de Soleil, ou le
temps qu'vne estoile fixe se rencon-
tre vis à vis d'vn Planette, cet horloge peut seruir pour marquer iustement iusques aux secondes minutes;
car l'industrie de l'homme ne peut
passer oûtre dans les obseruations
des astres. L'on peut donc remarquer de seconde en seconde ce qui
se passe dás les Eclipses, & dás les autres phenomenes de l'air & du ciel.
Et si l'astrologue veut obseruer cette
iustesse dans l'erection des thêmes,

ou

ou natiuitez qu'il fait, il pourra
faire marquer en combien de fecondes minutes l'enfant vient au
monde, & combien de temps la
tefte fort deuant les bras, ou les
pieds,&c.afin de confiderer apres
ce que les differens afpects des
corps celeftes marquez dans l'ho-
rofcope font, ou fignifient fur
l'enfant, & à quel moment de
temps fe leue l'eftoile qui fe met
dans la premiere maifon, &c. Ie
laiffe mille autres vfages, qu'ils
peuuent tirer de ce filet.

CHAPITRE XII.

Du 5. vsage de cét Horloge pour les Veneurs, les Fauconniers, & les Mousquetaires.

ENtre plusieurs diuertissemens de cette sorte de personnes l'on peut y mettre celuy qui consiste à remarquer la vitesse de la course des bestes, & du vol des oyseaux. Or ce filet est propre pour cela, car si l'on sçait combien le lievre, le cerf, les daims, &c. font de pas dans le temps d'vn ou plusieurs tours d'vn filet donné, & que l'on marque aussi combien les oyseaux font de chemin en volant durant le temps d'vn tour dudit filet, il sera par apres fort aysé de determiner

combien les oyfeaux vollent plus
vifte que ne courent les beftes
fauues, & quel temps il faudroit
aux vns & aux autres pour faire le
tour de la terre, &c. L'on fçaura
femblablement combien vn oyfeau hafte plus fon vol vne fois
que l'autre, & de combien les vns
volent plus ou moins vifte que les
autres. Ioint que la comparaifon
qui fe peut faire de la plus grande
viteffe des oyfeaux auec celle du
Soleil peut augmenter la recrea-
tion des Fauconniers; par exemple, fi leur oyfeau voloit fi vifte
qu'il peuft faire 300 lieuës dans le
temps d'vne heure, le Soleil iroit
douze cent fois plus vifte. Mais il
n'y a point d'oyfeau qui puiffe vo-
ler plus de vingt lieuës dans vne
heure.

Quant aux Moufquetaires, ils

peuuent mesurer la vitesse de
leurs bales par le moyen de cet
Horloge: car s'ils tirent de blanc
en blanc de cent toises loin, ils
pourront remarquer qu'elles employent pour le moins le temps
d'vn tour de filet de trois pieds &
demy de long, c'est à dire vne seconde minute, qui vaut la 3600.
partie d'vne heure, & partant que
cette bale ne feroit tout au plus
que 360000 toises dans le temps
d'vne heure, c'est à dire 144.
lieües, dont chacune a 2500. toises, de sorte qu'elle ne pourroit
faire le tour de la terre qu'en 500.
heures, qui font quasi 25.iours.

CHAPITRE XIII.

Du sixiesme vsage de l'Horloge pour les Arpenteurs, & pour les Ingenieurs.

LOrs qu'vn Arpenteur voudra sçauoir la longueur d'vne piece de terre, ou la longueur d'vne riuiere, il la trouuera ayſément par le son qui se fera à l'autre bout, en la maniere qui ſuit. Soit AB la largeur d'vne riuiere, & que l'arpanteur ſoit au point B, ſi celuy qui eſt de l'autre coſté au point A, fait vn ſignal au meſme moment qu'il criera, ou qu'il ſonnera vne cloche, ou qu'il vſera de quelque autre inſtrument, par exemple d'vn flageol-

let, ou sifflet, pour se faire entendre à l'arpanteur, ou bien qu'il ti-
rera vn coup de pistolet ou de
mousquet, l'Arpanteur connoistra cette largeur, s'il vse du filet,
comme cy-deuant, car s'il entend
le bruit au mesme moment que
le premier tour du filet s'acheue,
& qu'il sçache la longueur de son
filet, il sçaura ladite largeur, par
exemple, soit le filet ED de trois
pieds & demy, ie dis que la durée
de son premier tour estant d'vne
seconde minute, la largeur de la
riuiere sera de 250. toises. Et si le
filet n'a que la longueur d'EV,
c'est à dire 10 pouces & demy, sa
largeur ne sera que de 115. toises.
Mais si la largeur est si grande
qu'il faille vn bruit plus fort, l'on
pourra vser du canon, ce qui est
plus aysé de nuict que de iour,

parce que la flamme qui fort de la bouche, montre le commence-ment du bruit: de forte que fi l'Arpanteur eft en E, & que le bruit du canon employe 4. tours du filet, ou quatre fecondes, auant que d'eftre ouy à l'autre bord, la largeur fera de 920. toifes. D'où il eft ayfé de fçauoir à quel mo-ment l'on bat vne ville, ou forte-reffe, ou à quelle heure iouë vne mine, lors qu'on entend le bruit d'vn lieu, duquel on fçait la di-ftance iufques à ladite fortereffe: par exemple, fi l'on affiege vne ville efloignée de 10. lieües, le ca-non n'aura efté tiré tout au plus que 6 minutes auant que d'eftre ouy. L'on mefurera tout de mef-me la hauteur d'vne montagne, ou la profondeur d'vne valée, car fi le bruit employe 2 mouuemens

de la corde à venir depuis le haut
de la montagne iusques au bas,
depuis le feu, ou tel autre signal
donné que l'on voudra, la montagne aura 460. toises de haut, &c.
Car ie supose icy ce que l'experience enseigne, à sçauoir que
toute sorte de bruit fait 230 toises dans l'air, dans le temps d'vne
secõde minute, pourueu qu'il soit
assez fort pour aller tout au long
de cét espace, & qu'il continuë
tousiours de mesme vitesse, tandis
qu'il dure, comme il arriue aux
cercles qui se font dans l'eau. Et si
depuis l'vn des bouts d'vne ligne
de communication iusques à l'autre bout, le son emploie vne demie seconde, c'est à dire vn tour,
ou mouuement d'vn filet de dix
pouces &c. ladite ligne sera longue de 115 toises, & ainsi des autres.   COROL.

COROLLAIRE I.

Puifque le fon va toufiours & en tous lieux de mefme viteffe fenfible, il eft ayfé de conclure que fi l'on employoit les bruits du canon, ou de quelqu'autre machine pour faire fçauoir des nouuelles en peu de temps, l'on pouroit fçauoir ce qui fe paffe en tout vn Royaume, dans le temps d'vne heure, dans laquelle le bruit court, & fe communique par l'efpace de 331 lieuë, chacune de 15000. pieds de Roy, c'eft à dire de 2500 toifes, qui font vne lieuë telle qu'il y en a 7200 autour de la terre, & d'icy à fon centre 1145.

COROLLAIRE II.

Il eft ayfé de conclure de ce qui a

eſté dit cy-deuant, que le bruit de
l'arquebuſe, & des autres armes à
feu, va bien plus viſte que leurs bales, & boulets, puiſque le ſon fait
230. toiſes en meſme temps que la
bale d'arquebuſe n'en fait tout au
plus que cent: de ſorte que le ſon va
pour le moins deux fois plus viſte:
ce qui n'mpeſche pas que l'on ne
frappe les oyſeaux perchez ſur les
arbres auant que le bruit les face en-
uoller, parce qu'il leur faut plus de
temps pour s'eleuer & quiter leur
place, qu'il n'y en a depuis le bruit
qu'ils oyent, iuſques au coup qu'ils
reçoiuent: mais ſi on les tiroit de
cent toiſes, & qu'ils partiſſent auſſi-
toſt que le bruit ariue à eux, on ne
les fraperoit pas.

CONCLUSION II

CHAPITRE XIV.

Du 7. vsage de l'Horloge pour la Musique.

ELle peut estre employée si vtile-
ment en la Musique, & en tout
ce qui concerne les sons, qu'elle peut
enseigner plus de raisons, que l'on
n'en a sceu iusques à present, comme ie monstre. Soient les 2. cordes
de violes ou de luths AB, & CD, &
qu'on veuille sçauoir combien l'vne
tremble
plus vi-
ste que
l'autre.
D Or ie su-
pose que C D est double en longueur de BA, mais qu'elles sont ega-
lement bandées, & partant qu'elles

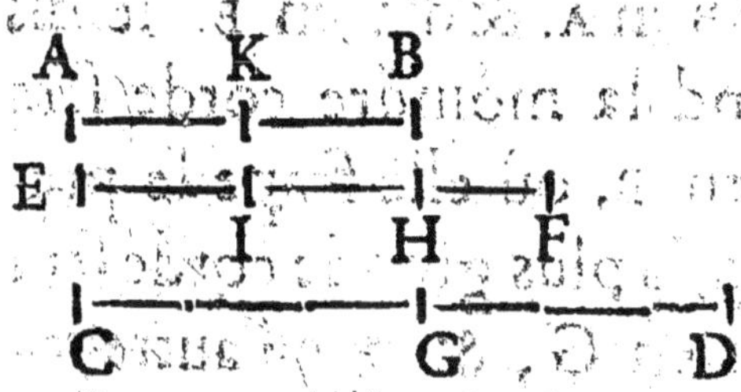

font l'octaue, quand elles font tou-
chées, & qu'elles fe meuuent enfemble. L'on fçaura donc le nombre des tremblemens de chacune, fi
tandis que l'Horloge fera vn tour,
vn Muficien conte les tours ou les
tremblemens de la corde CD, &
l'autre ceux de la corde AB, car le
nombre des tremblemens d'A B fera
double de celuy des tremblemens
de CD, ce que ie prouue ainfi. Fai-
fons que les tremblemens de la corde CD fe faffent de C en D, & de D
en C, & que ceux de la corde AB, fe
faffent de B en A, & d'A en B. Ie dis
que quand la moindre corde fera
allée d'A en B, où elle frape le premier coup, la plus grande corde fera
allée de C en G, & que l'autre retournant de B en A, celle-cy ira de
G en D, & que pour lors elles vni-
ront leurs coups, de forte que la

grande ne frappera iamais ny en D,
ny en L, que la moindre ne frape en
A, ou en B, & que cette moindre
frapera touſiours deux coups, con-
tre vn coup de la plus grande, ce
que l'on prouuera par l'Horloge,
dont chaque tour dure pour le
moins 40 tours de la corde CD, qui
fait l'vniſſon auec le G *reſol* des
Baſſes qui commencent en C *vt.*

Et ſi vn autre conte les tremblemens de la corde EF, qui eſt ſeſ-
quialtiere de la corde AB, il contera
2. tremblemens en meſme temps
que BA en fera trois; ce que ie proü-
ue, car quand AB eſt arriué d'A en B,
E eſt ariué en H, & B retournant en
A, E pourſuit iuſques à F, d'où il reuient en H, & finalement A reue-
uant en B, F reuient en E, de ſorte
que ces deux cordes vniſſent leurs
coups enſemble pour la premiere

fois: Or A A fait 3 tours, & E F 2. de
sorte qu'E s'vnist tousiours à chaque couple de tremblemens, au lieu
qu'A B, ne s'vnit qu'à chaque troisiesme des siens, & qu'il n'vnit
qu'vn tiers de ces coups, comme E F
n'vnist que la moitié des siens. Par
où l'on void qu'à l'egard de la plus
grosse ou plus grande corde, il y a
vne perpetuelle vnion dans l'octaue,
& autát de desvnió que d'vnió dans
la quinte laquelle par consequent
sera 2 fois moins douce que l'octaue, au lieu qu'à l'egard des moindres cordes, celle de l'octaue n'unit
que la moitié de ses tremblemens, &
celle de la quinte que le tiers des
siens : de maniere que la quinte à
moins d'vnions que l'octaue, d'vne
sixiesme partie, puisque la moitié
surpasse le tiers, d'vne sixiesme partie: & partant il s'en faudra vne si-

xiesme partie que la quinte ne soit
aussi douce que l'octaue.

Mais parce que les cordes qui font
l'vnisson auec les voix ordinaires,
font leurs tremblemens trop vistes
pour pouuoir estre contez, il faut les
faire si longues, qu'on les puisse có-
ter: ce qui ariuera, lors que la corde
de luth qui est à l'vnisson du G resol
de la Basse, sera 50. fois plus longue
qu'à l'ordinaire: par exemple si la
corde de luth à 2. pieds de long, il la
faut faire de cent pieds; & au lieu
qu'elle faisoit 50. tours ou tremblemens durāt vn tour de cet horloge,
elle n'en fera plus qu'vn, comme si
elle estoit vnisoné auec ledit horloge.

Et l'on trouuera tousiours, comme i'ay fait plus de cent fois, que les
tremblemens augmenteront leur
nombre en mesme proportion que

l'on accourcit la corde , pourueu qu'elle soit tousiours tenduë à vne mesme force: de sorte que si la corde qui tremblera trois fois dans vn moment à 20. pieds de long, celle qui aura 30. pieds de long ne tremblera que 2 fois.

COROLLAIRE.

Les cordes de Luth de la longueur precedente peuuent aussi seruir d'horloge, car si elle tremble vne fois dans vne seconde minute, lors qu'elle a soixante pieds de long, elle tremblera 2 fois ayant 30. pieds de long, & 60 fois, n'ayant qu'vn pied de long, de sorte que chacun de ces tours, ou tremblemens durera seulement vne tierce minute ; & si on luy veut faire marquer vne minute entiere, il la faudra faire de 3600.

pieds

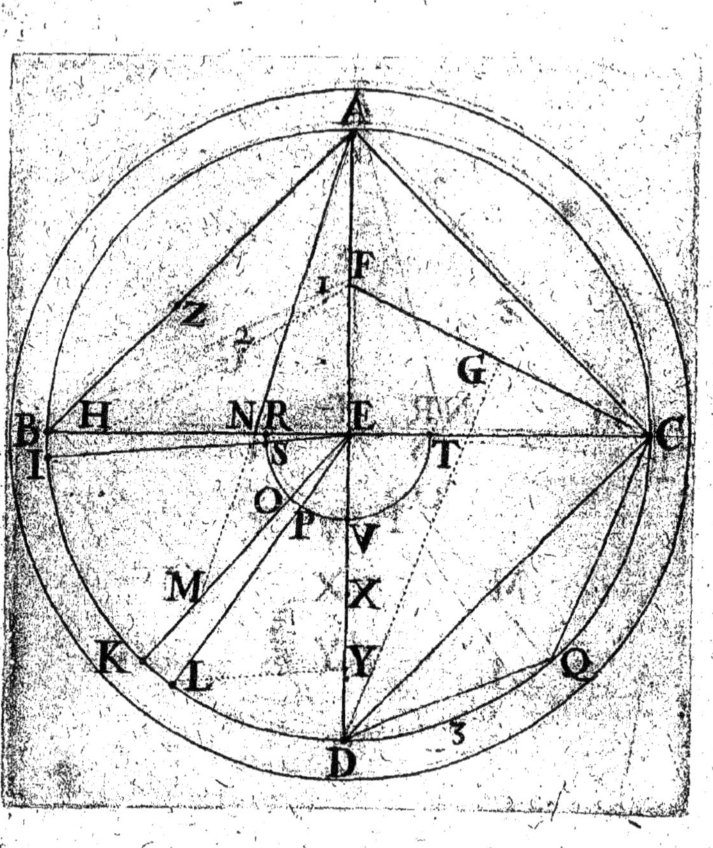

A
F
1
Z
2
G
B H N R E T C
I
S
O
P
V
M
X
K L Y Q
D
3

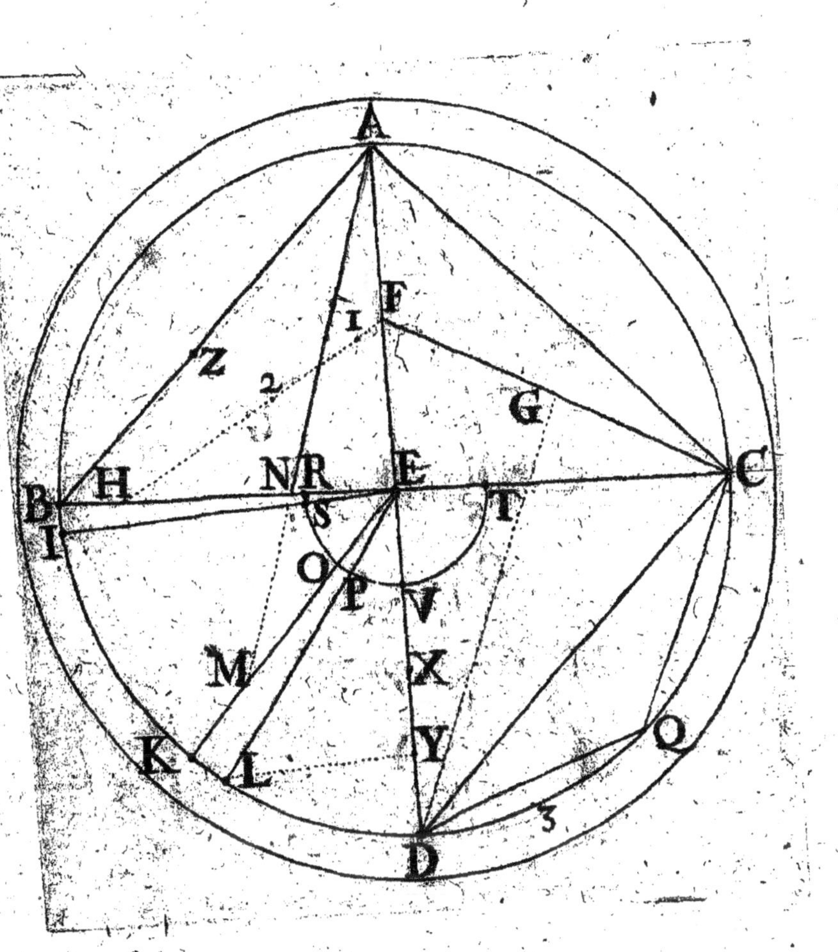

pieds de long, c'est à dire 60. fois plus longue qu'elle n'estoit, pour marquer les secondes minutes;combien que le filet qui nous sert d'horloge à secondes, doit auoir 11600 pieds pour faire chacun de ces tours dans le temps d'vne minute d'heure.

CHAPITRE XV.

Du 8 vsage de l'Horloge pour les Predicateurs, & autres personnes qui parlent en public.

L'Vne des perfections de l'Orateur consiste à prononcer chaque parolle d'vn certain mouuement, & auec le temps & la force de la voix que desire le suiet, & la signification, de sorte qu'elle ne soit ny trop lente, ny trop viste: & parce que l'imitation fait beaucoup

I

pour deuenir bon orateur, il faut remarquer le temps que les bons Predicateurs employent à prononcer
diuerses paroles dans les passions
differentes qu'ils veulent exprimer,
& les temps qu'ils laissent couler
sans parler, afin qu'en les imitant,
l'on puisse paruenir aux mesmes ef-
fets. Or l'Horloge faite d'vne corde
de telle longueur qu'on voudra,
ayant marqué les temps de la prononciation, ou du silence, chacun
pourra s'exercer en particulier, afin
de s'accoustumer à observer le mesme
temps, supposé que la voix soit sem-
blable en force, & en grosseur, car
suiuant les voix differentes, l'on doit
vser de mesures differentes, soit à la
prononciation, soit aux silences.

    Mais il faut particulierement ob-
seruer que les exclamations, & les
paroles qui seruent pour exprimer

la triſteſſe, doiuent durer dauanta-
ge que celles qui ſeruent à vne ſim-
ple narration, & lors qu'on aura
obſerué le temps des vnes & des autres propres pour émouuoir, & por-
ter les auditeurs à ce qu'on veut,
l'horloge faite du filet BD pourra
ſeruir pour regler le temps des pe-
riodes, & des parolles, & par conſé-
quent du diſcours entier, par exemple ſi chaque parole d'vn diſcours
duroit autant que l'vn des mouuemens de la corde DL, le diſcours
d'vne heure contiendroit 3600 paroles, mais parce que l'on peut prononcer plus viſte, chacun choiſira
les temps & la viteſſe qu'il iugera
propre pour la voix, & ie croy
que tous demeureront d'accord que
l'on ne peut, ou que l'on ne doit
prononcer tout au plus que quatre
paroles dans le temps d'vn tour du

L'vsage du Quadran, & à
filet, c'est à dire dans vne seconde
minute, & par consequent que durant vne heure l'on peut prononcer que 14400 p........ semblablement que l'on ne se ... point
parler si lentement, que l'on en
prononce du moins 3600 dans ladite heure.

Ie laisse mille autres sortes d'vsages & d'vtilitez qui se peuuent tirer
de cet horloge, suiuant le besoin
que l'on en peut auoir en mille
rencontres, parce que ceux qui s'en
voudront seruir, n'y trouueront
point de difficulté.

FIN.

www.ingramcontent.com/pod-product-compliance
Lightning Source LLC
LaVergne TN
LVHW020547060726
842525LV00004B/1334